渡渡鸟
丹尼
的侦探笔记

了解关于灭绝
和濒危动物的一切

大家好，我是渡渡鸟丹尼！

我是一名侦探，正在执行一项任务。这些年来，成千上万种神奇的动物都消失了。它们去哪儿了？在它们身上发生了什么事儿？它们又为什么会从地球上绝迹？我的任务就是找到这些问题的答案，如果你对这件事也感兴趣，可以和我一起来探究！

浪花朵朵

渡渡鸟
丹尼
的侦探笔记

了解关于灭绝
和濒危动物的一切

[英] 尼克·康普顿 著

[英] 罗伯·哈吉森 绘

谭超 杨婴 译

海峡出版发行集团
THE STRAITS PUBLISHING & DISHISHING GROUP | 海峡书局

目录

布卡多山羊
芭蕾明星比利
第36页

鹦鹉
第18页

古大狐猴
道格拉斯老兄
第12页

袋狼
塔莎女士
第20页

渡渡鸟
侦探丹尼
第8页

矮象
小个子保罗
第10页

大海雀
游泳明星苏奇
第16页

大海牛
巨无霸霍加斯
第14页

警告

你知道世界上有成千上万种动物正濒临灭绝吗？它们的生存遭受到各种各样的威胁。一些物种没有办法快速适应栖息地的变化，另一些物种不得不与更强大的物种竞争。如果我们不对它们施以援手，那么它们可能就会灭绝，这意味着地球上再也不会有这种动物了。

其中一些动物遭遇了更大的麻烦，根据现存的动物种群的数量，它们可以被列为三组。

易危

这些物种正面临可能灭绝的危险，例如它们遭到了捕杀，或者丧失了栖息地。这样的问题正在持续，甚至会变得更糟。

濒危

濒危物种在野外几乎已经绝迹。它们可能因为数量太少，无法找到配偶来维系种群的生存。有时候，人类会捕获这些动物，把它们圈养起来，帮助它们繁殖。

灭绝

当一个动物物种灭绝后，它就永远从地球上消失了。

一个物种的灭绝，会让幸存下来的物种生活得更加艰难。你知道的，很多动物家族是息息相关的，因为它们处在一条食物链上，或者共享一块栖息地，因此保护好濒危的动物物种，才能让所有的动物有最好的生存机会。

物种灭绝并不是什么新鲜事，但是自从人类出现以后，情况变得更糟了。现在有超过26500个物种正面临着灭绝的危险，并且这个数字每年都在增加。造成这种情况的原因有很多。

气候变化

地球大气层正在变暖，这是由人类活动引起的，我们称之为气候变化。气候的变化使得森林中的一些植物正在消失，很多动物也因为没有办法适应更高的温度而慢慢消亡。

栖息地丧失

人类过度地农耕，会对动物们的栖息地造成很大的破坏。畜牧业的发展也会产生大量温室气体，使气候变得更加糟糕。

去森林化

人类为了自己的需要，在全世界范围内砍伐了大量的树木，这种做法导致了气候的变化、无污染水源的短缺，同时破坏了动物的家园。

过度捕猎

多年来，人类为了获取食物、皮毛，甚至仅仅为了取乐，猎杀了无数的动物。如果过多动物在下一代长大之前就被杀害了，那么整个物种就将被毁灭。

渡渡鸟

侦探丹尼

毛里求斯

你已经认识我了！不是我吹牛，我们渡渡鸟可是最著名的已经灭绝了的动物之一。人类最早发现渡渡鸟是在1598年，最后一次看见渡渡鸟是在1662年。我身高1米，有着高高的、多骨的头，强壮的钩状喙，以及一簇活泼俏皮的尾羽，我总能引来人们超高的回头率。下面来说说我的故事吧。

在地面安家

我的翅膀可以用来保持平衡，还可以用来展示我的美丽，但是不能用于飞行，因为我不会飞！我在丛林和海岸附近的地面上筑巢。我比那些在天上翱翔的鸟要重些，但是我不胖，我拥有适合自己的完美体形！

毛里求斯大餐

我最喜欢吃坚果、水果、种子和植物的根。我的喙很有力，可以咬开非常坚硬的食物。我很乐意和生活在这里的猫头鹰、鸽子、长尾鹦鹉、苍鹭一起分享大自然赐给我们的美食大餐。

真粗鲁！

现在我来说说那些令人悲伤的事情。一些水手跨海来到了我们的家乡毛里求斯，他们想尝尝我们渡渡鸟的味道，就捉了我的同胞烤来吃，虽然味道不像他们想的那样鲜美，却可以用来充饥。于是他们又狼吞虎咽地吃掉了我的叔叔、婶婶和兄弟姐妹。

谜底揭晓

如果你以为我们的灭绝是因为人类把我们都吃掉了，那就错了，因为我们的肉并不好吃。事实是，人们把一些我们从来没见过的动物带上了岛——猪和狗，猫和鼠，它们偷走了我们的食物和蛋。与此同时，人们还大肆破坏我们的栖息地，这就让我们渡渡鸟很难生存下去了。

9

矮象

小个子保罗

地中海

当大型动物迁徙到小岛上之后，它们的体形往往会演化得更小，小个子保罗就是这样。大约在80万年前，随着海平面的下降，重达10吨的矮象祖先开始迁徙到地中海的岛屿上，包括塞浦路斯岛、马耳他岛和西西里岛。在那段时间里，海岛上的生活似乎很适合矮象，那么它们为什么会在公元前11000年左右灭绝了呢？

海岛生活

矮象的食量很大，小个子保罗的族人发现，海岛上的食物和大陆上的不一样，而且数量很少。由于没有充足的食物，随着时间的推移，它们演化出了越来越小的体形，这样它们对食物的需求才会变得更少。到了小个子保罗出生的时候，矮象的体重只有200千克，身高只有约1.4米了。

迁徙中

和象群一样，人类也在四处迁移，寻找新的家园。他们穿越地中海，在小个子保罗的岛上定居下来。

谜底揭晓

矮象是一群充满好奇心的动物，它们一点儿也不怕人类。不幸的是，这或许使它们成了猎人眼里容易猎捕的目标。如今世界上已经没有矮象了。

11

古大狐猴

道格拉斯老兄

马达加斯加

道格拉斯老兄是一只无忧无虑的狐猴，它在马达加斯加温暖的海滩上享受着悠闲的生活。道格拉斯老兄长得一半像树懒，一半像狐猴，它大部分时间都在树上闲逛，享用素食大餐，与朋友一起嬉戏。令我非常疑惑的是：这样一种恬静可爱的动物，怎么也会灭绝呢？

慢悠悠

道格拉斯老兄是古大狐猴，这种狐猴的体形很像现代的大猩猩——比今天的狐猴大得多。古大狐猴的头骨又短又宽，它们大部分时间在地面上活动，不过道格拉斯老兄倒是经常用它那长长的手臂在树间非常缓慢地摇摆，就像是在荡秋千。

瑜伽爱好者温蒂

道格拉斯老兄有个好朋友叫温蒂，它是另外一种狐猴——古原狐猴。它有着和现代的树懒一样的长手臂和弯曲的关节，是个十足的瑜伽爱好者。它弯曲的手指像钩子一样，让它可以优雅地抓住树枝，悬挂在半空中，然而，这也意味着它无法在地面上行走。

自带美颜

　　道格拉斯老兄迷人的苏菲姨妈是一只中型巴巴科蒂亚狐猴。它的下颌没有正常的牙齿，而是长着一排特殊的牙齿，叫"齿梳"，苏菲姨妈用它来梳理毛发——真是一件自带的美容神器！

致命的缓慢

　　由于气候变化，古大狐猴家族失去了适合自己居住的家园，走向了灭绝，我推断它们还遭遇过人类的猎杀。我是怎么知道的呢？因为在它们的骨骼化石上，人们发现了被刀砍过的痕迹，想一想这有多可怕！它们太重了，行动又太慢了，以致于无法躲避人们对它们的猎杀。

大海牛

巨无霸霍加斯

白令海

　　霍加斯是一个非常、非常大的家伙。和它的家人一样，它长到了10米长——几乎是一辆公交车的长度。这只温和的巨兽与族群中的雌性、幼崽及其他雄性一起生活，它们在寒冷的海水中缓缓游动，这里是它们的家。它们从来不伤害人类，是什么原因让这样一个庞大的群体从地球上消失的呢？

海鲜大餐

　　霍加斯没有牙齿，但是这并不妨碍它享用海草和海藻大餐，它用上颌、下颌的两片骨头把食物磨碎，然后吞进肚子里。

可恶的水手

1741年，一群沙俄水手被困在了一个岛上。他们发现了霍加斯一族，并很快发现这些海牛很容易捕杀。因为海牛的肉很好吃，一时间吸引了更多的水手前来尝鲜。在短短的27年里，所有的大海牛都因为人类的捕杀而灭绝了。

快乐家族

霍加斯喜欢和族群一起，在凉爽的浅水里消磨时光。它可以用粗壮的前肢在海底推着自己前进，就像你骑着滑板车在水泥地上滑行！

大海雀

游泳明星苏奇

北冰洋

才华横溢的苏奇可不是一只普通的鸟，它会用短而粗的翅膀在水下滑行，而不是在空中飞翔。它非常喜欢水，会尽可能地栖息在靠近水的地方。据我调查，苏奇是被人类捕杀的——为什么这么说呢？

性格温顺

悠闲自得的苏奇和它的朋友们都是性格温顺的鸟儿，它们不会保护自己。

水上之翼

　　苏奇有75厘米高,它有一个大大的、有纹槽的黑色的喙,苏奇这出众的外表使它在白色的北冰洋中很容易被发现。尤其当它站起来的时候,谁都无法对它视而不见。

捕杀到底

　　人类大量捕杀像苏奇这样的大海雀,到底想要从它们身上得到什么?答案是"一切":它们的肉、它们的脂肪和它们的羽毛。随着它们变得越来越稀有,连它们产下的卵对收藏者来说都越来越珍贵了。

鹦鹉

　　和我们渡渡鸟的下场一样，许多令人惊叹的美丽的鸟类已经从现代世界中消失了。由于偷猎和栖息地的丧失，鹦鹉中有28％的品种被列为了"全球濒危"。但是也有一些好消息：关心动物的人们正在努力解决这些问题！

古巴金刚鹦鹉

令人惊艳的伊娃，古巴

　　这位娇小精致又绚丽多彩的超模和家人生活在一起。人类惊艳于它的美貌，把它捕获并作为宠物出售，同样的事情也发生在它的许多家庭成员身上。随着飓风年复一年地袭击古巴，它们的栖息地也开始受到影响，因此它们的数量正在逐年减少。它们就是令人喜爱的美丽的金刚鹦鹉。

卡罗来纳长尾鹦鹉
时尚潮人汉克，美国

汉克总是穿着它那身缀着绿、红、橙、黄色羽毛的盛装参加派对。它生活在一个由200只鸟组成的大族群中，人人都认识它。但是它们栖息地的范围有限，所以当人类开始砍伐森林的时候，这些长尾鹦鹉的生活就陷入了困境。

斯比克斯金刚鹦鹉
害羞的安娜，巴西

对于像安娜这样害羞又热爱家庭的鹦鹉来说，巴西最干旱的地区靠近河流的地方，被它们看作是最理想的家园。它们在巨大的金风铃树上筑巢，安娜每年都住在同一棵树上。随着树木一棵棵被人类砍倒，金刚鹦鹉的家园也很快就被摧毁了。

未来的希望

在经历了宠物贸易、栖息地丧失和飓风袭击之后，最后一批古巴金刚鹦鹉在1865年前后灭绝。20世纪初，去森林化、捕猎和疾病，摧毁了汉克的卡罗来纳长尾鹦鹉家族。不过我发现了有关安娜和它家人的好消息！尽管斯比克斯金刚鹦鹉在野外已经绝迹，但是它们被人工圈养起来并进行了繁殖。真希望人类能让这些美丽的鸟儿免遭灭绝！

袋狼

塔莎女士

澳大拉西亚

优雅的塔莎女士是一位喜欢猎奇的猎人，它本可以成为一名出色的侦探——我早该知道！它的家族势力强大，意志坚定，行事隐秘。

尽管在3000年前，袋狼就在澳大利亚的大陆上灭绝了，但是仍然有数千只袋狼在塔斯马尼亚岛上存活了下来。塔莎非常聪明，它的记忆力是全岛最好的。

张大口

塔莎的下颚很结实，可以张得非常大，所以它能很好地抓住猎物。它凶狠的麦克斯叔叔会猎杀农场的动物，比如羊和鸡，这让农民把它们一族当成敌人。其实麦克斯也只是想活下去！

甜蜜家园

塔莎的藏身之处被人们称为巢穴。和家族里的其他成员一样，它有不止一个家——有些在山洞里，有些在岩石下——因为它捕猎的范围非常广。它喜欢把家布置得安逸舒适，还要确保家里有柔软的植被，这样它就可以舒服地躺在上面休息了。

无处可逃

塔莎不仅有强大的力量，还有充足的耐力。这意味着它可以持续追逐猎物很长一段时间，直到它精疲力竭跑不动为止。

塔莎的麻烦

19世纪，欧洲人入侵澳大利亚及其周围的岛屿，还长期定居下来。农民们一看到塔莎靠近他们的牲畜就向它开枪，这使得塔莎的栖息地不得不发生变化，它也不得不和新的动物、疾病对抗。最后一只已知的野生袋狼死于1930年。仅仅6年以后，最后一只人工圈养的袋狼也死掉了。

白鱀豚

梅琳夫人

中国

患有近视的梅琳夫人是一只白鱀豚，它生活在长江里。人们编造了很多关于白鱀豚的故事，它被誉为"长江女神"，传说它是长江里的守护神，不可猎捕。我对这件事进行了调查，因为我不相信它真的有那么神奇，但是我完全被它迷住了！每个人都承认梅琳夫人是特别的。

超级声呐

梅琳夫人的视力不好，但是没关系，因为它不需要！长江的水下一片漆黑，再好的视力也发挥不了作用，因此梅琳夫人利用声音来认路。

难以忘怀

梅琳夫人身长2.5米，比雄性白鱀豚稍大一些，它活泼的个性让所有的雄性都为之着迷。

现代生活

那么，梅琳夫人为什么会从长江里消失了呢？要知道，像它这样的白鱀豚已经在那里生活2000万年了。随着时间的推移，人类开始运用各种方法开发河流。越来越多的船在长江上航行，越来越多的人在长江里捕鱼，人们还在长江上建造了水电站大坝，以及由于各种废料流入长江，造成长江水质的污染。正是人类活动破坏了白鱀豚的栖息地，使它们无法再存活下去。

西部黑犀牛

骄傲的珀西

非洲

和所有的黑犀牛一样，珀西爱它的妈妈。它在妈妈身边待到3岁，然后开始独自闯荡世界。在它很小的时候，狮子们曾经想抓住它，所以它迫不及待地想快点长大，就是为了让狮子们不敢再攻击它。珀西的前角有1米多长，它为此感到非常骄傲！

流金岁月

在消失之前，西部黑犀牛已经存在超过700万年了，它们游荡在南苏丹、喀麦隆、尼日尔等国家。

艰难时期

20世纪初，珀西和它的朋友们的生活变得越来越艰难。人们为了娱乐或防止犀牛吃庄稼而猎杀它们。与此同时，人们大规模建造工业化农场，破坏了犀牛的栖息地。

医疗问题

20世纪中期，中医开始风靡亚洲。有些人认为，把犀牛角磨成粉末可以用来治病，是一种名贵的中药。还有的人用犀牛角来制作刀柄，以显示他们的高贵，这使得许多黑犀牛遭到人类的猎杀。到了2011年，西部黑犀牛最终全部灭绝了。

施以援手

尽管珀西和它的家族已经不在了，但还是有一些黑犀牛存活了下来。在那些善良的人们的帮助下，东部黑犀牛、中南部黑犀牛和西南部黑犀牛得以生存。我的侦探本能告诉我，还有一些热爱动物的人正在关心着它们！

青蛙和蟾蜍

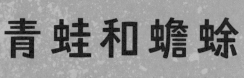

青蛙和蟾蜍这些安静的动物，大部分时间都会避开人类。那么，躲藏得这么隐秘的小家伙，怎么会灭绝呢？我猜，这要从它们更多的故事中来寻找真相了。

胃育蛙

吞食者歌蒂，澳大利亚东部

歌蒂和它的族人喜欢水，从不会住到离河流或溪流太远的地方。它们在森林里安家，整个家族聚集在一起。当我知道它是如何保护自己的孩子时，我简直不敢相信：歌蒂居然会把产下的卵吞进自己的肚子里！等它再吐出来时，卵已经完全发育成小青蛙啦！真是聪明的家伙……不过，我很庆幸我的妈妈没这么做！

金蟾蜍

了不起的安吉洛，哥斯达黎加

安吉洛是个帅小伙，酷爱鲜艳的颜色。它住在云雾森林的一个小角落里。如果自己没有处于最佳状态，它绝不会迈出它的地下洞穴一步。它已经有30多年没有露过面了。

斯里兰卡灌木蛙

丢三落四的罗拉，斯里兰卡

罗拉太渴望长大了，所以它跳过了蝌蚪的阶段，直接从一枚小小的卵长成了一只小小的蛙，也就是说它不需要太多的水，因此只要在潮湿的地方它就能生存。不过，不得不说罗拉是个糟糕透顶的妈妈——它每次都把卵产在落叶里就不管了，任由孩子们自生自灭！

巴拿马树蛙

空降兵芬，巴拿马

在巴拿马，人人都在谈论神奇的飞蛙芬，因此我调查了它！芬住在云雾森林的高处，它用巨大的蹼足在空中滑翔。这是个逃离攻击者的好办法！芬是个好爸爸，却是个笨厨子，它居然用自己背上的老皮来喂养孩子！

常见的罪魁祸首

我在调查过程中发现，有四大罪魁祸首总在不断地破坏蛙类的生存：人类、疾病、栖息地的丧失和气候的变化。歌蒂、安吉洛、芬和罗拉都遭受过这四大危害的折磨。

27

旅鸽

天空观光客斯凯

美国

　　斯凯是一名打扮时尚、从不停歇的旅行者。它从不在一片落叶林里长住，因为总有下一片森林在召唤它。在这个世界上，有太多地方等着它去看看。它到哪儿都披着自己那镶着白边的长尾羽——这是它最爱的时髦配饰。

超速神行

　　斯凯是一只飞得特别快的鸟，它的速度可达每小时96千米，多亏了它苗条的体形和健壮的肌肉，可以帮助它在天空中极速飞翔。

遮天蔽日

斯凯和一群旅鸽相遇时的景象简直是太壮观了——成千上万只鸽子遮天蔽日。1866年，在加拿大安大略省南部，一大群旅鸽组成了1.5千米宽、500千米长的"鸽阵"。它们花了14个小时才飞过那片天空。

坏名声

人们大肆捕猎和砍伐森林的行为，让无数旅鸽死于非命。人们曾把它们看作是毁坏庄稼的飞禽，在1914年，把斯凯家族的最后一名成员赶尽杀绝。

树蜗牛

传奇莉莉

夏威夷

　　夏威夷群岛以那里的歌舞闻名于世，树蜗牛莉莉能完成草裙舞中最酷、最慢的动作。它和750多种蜗牛共享这片家园，这些蜗牛中有200多种树蜗牛。但是自从1500年以来，灭绝的动物里有近一半是陆生蜗牛和蛞蝓（俗称鼻涕虫）。这样受人瞩目的舞蹈家怎么会消失呢？

诗人的女神

　　莉莉身长只有2厘米，可它是那么光彩照人，人们忍不住为它创作了故事，还有人为它写了诗！

特殊的螺旋

大多数蜗牛的壳是右旋的，但是莉莉偏偏不走寻常路——它的螺壳是左旋的！

健康饮食

莉莉的身材保持得不错，因为它只吃生长在植物上的美味真菌。

动物天敌

来到夏威夷岛上的人带来了鹿、山羊、猪等动物，这些动物破坏了树蜗牛的栖息地。这些人还带来饥肠辘辘的老鼠和变色龙，它们会捕食蜗牛。更可怕的还有莉莉的死敌——玫瑰蜗牛，它们竟然也会吃掉其他的蜗牛！

平塔岛象龟

园丁戈登

加拉帕戈斯群岛

　　戈登和它的一群园丁伙计，在500万年前第一次登上加拉帕戈斯群岛。它们顺着强大的洋流从南美洲一路走来，寻找新的家园。这些致力于帮助地球的慢性子动物在这里遭遇了什么？

伸长脖子

　　戈登在平塔岛定居，它在这里找到了可以吃的青草和果实。长长的脖子有助于它在干旱炎热的季节生存——它只要伸长脖子就可以够到食物，比如梨果仙人掌。

小岛看守员

在19世纪，象龟们把加拉帕戈斯群岛打扫得干净整洁。但是到了20世纪，山羊被人们带上平塔岛以后，岛上的生态环境就被它们破坏得一塌糊涂，导致象龟们找不到足够的食物活下去。

振奋人心的消息

坚强的巨龟不会轻易被消灭。2019年，人们在加拉帕戈斯国家公园发现了一只雌性费尔南迪纳巨龟——距离上一次在野外发现巨龟已经有110年了，这只巨龟很可能已超过100岁。更好的消息是，这里有可能藏着更多的巨龟，因为附近还发现了其他的巨龟的脚印和粪便。也许不久后园丁龟们就会回归家园了！

恐鸟

强大的米利森特

新西兰

当我问询目击者的时候，发现很多当地人都害怕高地恐鸟米利森特。这里生存着9种恐鸟，它们都不会飞，米利森特和它的族人是其中体形最大的，长到近3米高。雌性高地恐鸟的体重是雄性的2倍。米利森特可真是个令人敬畏的大个子！

嘹亮而自豪

就算是身形庞大的恐鸟猎手哈斯特鹰，也对米利森特避而远之，因为它低沉洪亮的叫声能把所有的人都吓跑。

温暖的"护腿"

米利森特喜欢住在高高的山上，尽管那里会变得很冷。它对自己那双天然羽毛"护腿"洋洋自得，有了"护腿"，无论什么时候都会让它感到温暖舒适。

34

素食者

米利森特是素食主义者，最喜欢吃种子、草和叶子。它不会飞，走路的时候总是高昂着头。

灭绝的线索

为什么这么多恐鸟在不到100年的时间里都灭绝了？事实是，人类到达新西兰后，为了吃恐鸟的肉而猎杀了它们，还用它们的骨头制成了鱼钩和鱼针。

35

布卡多山羊

芭蕾明星比利

比利牛斯山，法国和西班牙

最让我着迷的案件之一是关于比利的失踪，它是一头外表凶猛的比利牛斯山羊。它的角有1米长，体重100千克。所有的人都对我说它很可怕，实际上它只是动作非常敏捷，我发现它其实是个极有天分的跑酷明星！

石间舞者

比利喜欢在遍布岩石的地方（比如悬崖上）跳来跳去，并在那儿啃食草本植物和地衣。它是一头爱交际的山羊，常去拜访朋友，它的朋友们生活在崎岖不平的农田里，或怪石嶙峋的海岸边。

不吃冷冻晚餐！

由于天气总是变化无常，比利和它的族人为了确保能找到食物，不得不在山上山下来回跑，这样才能保证一直在解冻了的土地上觅食。

竞争者过多

当人类把鹿、绵羊等其他食草动物带到了比利的地盘上之后，很快这里就变得"僧多粥少"了，比利自由奔跑的好日子也就走到了尽头。

关岛翠鸟

暴脾气的凯蒂

关岛，密克罗尼西亚

凯蒂是一只喜欢吵吵闹闹又暴躁的鸟，它曾经把关岛当成自己的家。调查凯蒂并不难——见过它的人都不会忘记它。别看凯蒂身长只有20厘米，但是只要有人敢跨越它的领地，它就用喋喋不休的刺耳嗓音大发牢骚。

凿树为巢

凯蒂造房子可一点儿不讲究。它用大而有力的喙凿开树皮，给自己筑一个巢。

美味佳肴

有些翠鸟需要住在水边，但是凯蒂没这个需求。它把巢筑在内陆，啄食地上的小蜥蜴和昆虫，谁挡了它的路，它就冲着谁抱怨个不停。

草丛里的蛇

像凯蒂这样的关岛翠鸟，在30多年前就从野外消失了，我顺着线索找到了原因。20世纪40年代，人类无意间把蛇带到了关岛上，这些贪婪的爬行动物把翠鸟的蛋都吞掉了。现在关岛上已经没有翠鸟了，却有了约200万条褐树蛇！

未来可期

幸好凯蒂的亲戚们有个好结局。环保人士设法捕获了20只关岛翠鸟，之后在动物园里人工培育出雏鸟。虽然世界上现存的关岛翠鸟所剩无几，但是它们的未来会有更多可能。

陆地上的濒危动物

我的任务快完成了！这一路上，我们了解了很多神奇动物身上的知识，也解开了许多谜题。可我还是希望，以后不要再有什么要灭绝的动物让我们调查了。所有的好侦探都知道，最好在坏事情发生之前就阻止它。现在，还有成千上万的物种面临灭绝的危险。我相信有了你的帮助，也许我们可以保护它们的安全！

刺耳熊蜂

这种小小的蜂在地下筑巢。在英国，由于太多开满鲜花的草地都消失了，所以那里的刺耳熊蜂的数量越来越少。

远东豹

偷猎和栖息地的丧失，是这种珍稀的远东豹面临的最大威胁。目前只有在中国和俄罗斯的边境，还残留着约100头远东豹，这种地方寒冷刺骨，豹子们长出了厚厚的皮毛来保暖。

马来亚穿山甲

这些全身披着鳞片的动物住在东南亚的树上。因为人类吃它们的肉，又拿它们的鳞片制药，导致它们处境越来越危险。这些穿山甲把身体蜷缩成一个球，想用这种方法来保护自己，却没想到这让人类更方便去捡拾它们。

塔巴努里猩猩

这些类人猿爱吃水果，它们住在印度尼西亚的一个大岛屿——苏门答腊岛的树上，由于家园被毁，如今它们剩下了不到800只。这是人类为了腾出空间来建造水电站大坝，大肆砍伐树木造成的恶果。

钝口螈

这种墨西哥的两栖动物拥有断肢重生的超能力！它们几乎没有天敌，但是污染和偷猎使它们濒临灭绝，更何况人类还在它们生活的湖泊和水塘里修建大量的建筑。

海洋里的濒危动物

白顶信天翁

全球变暖和环境污染，让澳大利亚的这种大型海鸟陷入了绝境。要知道它们一生只结一次婚，每年只产一枚珍贵的蛋。

南方蓝鳍金枪鱼

人类的捕猎行为，让这些游速极快的蓝鳍金枪鱼处在了危险之中。如果不被打扰，它们原本可以活到40岁，长到2.5米长。它们的踪迹已遍布南半球的开阔海域。

加湾鼠海豚

这种害羞的加湾鼠海豚目前在世界上仅剩下10~15头了。它们经常会意外地落入人们的渔网中，因此科学家正在努力拆除废弃的渔网，以防加湾鼠海豚再被渔网缠住。

波纹唇鱼

波纹唇鱼身长超过 2 米, 在太平洋珊瑚礁三角区的礁石上, 人们很容易发现它们的身影。人们把它们当作珍馐美食, 偷捕者借机大发横财, 正是这些人肆意的捕捞, 让波纹唇鱼整个物种处于危险之中。

彩纹鹰鳐

这群爱嬉戏的彩纹鹰鳐住在印度洋里, 平时它们喜欢跃出水面。彩纹鹰鳐可以长到 2.5 米宽, 但不幸的是, 它们经常会不小心被渔船捕获。

你能做什么？

能做的太多了！你有很多方法可以帮助这些与我们共享一个地球的动物们。

难题：过度养殖

对策：多吃蔬菜

　　人类为了获取肉类和乳制品大力发展养殖业，这种做法对土地及生活在这里的动物造成了损害。如果我们合理饮食，那么农业用地就可以随之减少。

难题：林木损耗

对策：选用环保纸张

　　当你在购买纸制品或木制品的时候，请确认它是否来源于可持续再生的森林，以及它是否获得了官方有关环保方面的认证。

难题：环境污染

对策：减量，再利用，再循环

　　人类不停地丢弃塑料，这些塑料却要花费数百年才能被降解。废弃物会危害土地、海洋和动物，所以请尽量少使用塑料制品，尽可能地回收和再利用你手头的一切。当然，还要做好垃圾分类，不要乱丢垃圾！

难题：气候变化

对策：绿色出行

　　汽车和飞机会产生大量的尾气，因此请尽量搭乘火车或骑自行车出行。如果不得不开车，不妨试试（在你父母的帮助下）和同学拼车上下学。

难题：栖息地丧失

对策：干点园艺活！

城市是在许多动物的栖息地上建起来的。如果想为动物们做点什么，那么你可以搭一些人工鸟巢，多放些鸟食，建个昆虫旅馆，栽种蜜源花卉，还可以在花园的围栏底部留出几个刺猬大小的洞，便于一些小动物爬进来。

难题：水资源浪费

对策：节约用水

河流、湖泊和湿地因为要持续给人类提供用水，变得越来越不堪重负。自1970年以来，淡水野生动物的数量已减少了83%。为了保护淡水生态系统，请节约用水。

难题：大人不听劝

对策：勇敢发声！

请你把从这本书里学到的动物知识讲给大人们听，为改变现状出一分力。你可以向他们解释发生在我们和动物身上的这些事情，并告诉他们如何帮助地球上的动物们活下去！

小辞典

如果你想表现得像个动物学家，那你需要掌握以下术语。

祖先：较早期的动物或植物，后来的物种都是从它演化而来的。

圈养动物：生活在农场或动物园里，由人类照料的动物。

食肉动物：以食肉为生的动物。

云雾森林：被低云层覆盖的热带森林。

环保主义者：保护自然环境和野生动植物的人。

去森林化：人类砍伐树木、铲平森林的行为。

消化：人体或动物体分解吃进体内的食物，并把它转化成可以利用的能量的过程。我们通过消化获取维生素和营养。

濒危：某个物种因为现存的野生数量越来越少，在不久的将来可能面临灭绝。

演化：动植物体的某些部分随着时间慢慢变化的过程。

灭绝：当某个物种的所有个体都死亡后，这个物种就在地球上灭绝了。

全球变暖：随着时间的推移，随着工业化进程的不断加快，全球气温逐渐升高的现象。

温室气体：地球大气中能吸收辐射并能重新发出辐射的气体（比如二氧化碳）。

食草动物：以植物作为食物的动物。

兽群：共同生活和觅食的一大群动物。

迁徙：动物族群从一处栖息地迁移到另一处栖息地的行为，通常是一年一次。

偷猎：非法猎捕动物的行为。

捕食者：猎杀其他动物作为食物的动物。

猎物：被其他动物猎杀或捕获的动物。

爬行动物：全身被鳞片或硬壳覆盖，会产卵的，体温会随着外界温度的变化而变化的动物。

易危：某个物种因为现存野生数量的减少可能变成濒危。

索引

图书在版编目（CIP）数据

渡渡鸟丹尼的侦探笔记/（英）尼克·康普顿著；
（英）罗伯·哈吉森绘；谭超，杨婴译. -- 福州：海峡
书局，2023.2
书名原文：DANNY DODO'S DETECTIVE DIARY
ISBN 978-7-5567-1044-7

Ⅰ.①渡… Ⅱ.①尼… ②罗… ③谭… ④杨… Ⅲ.
①濒危动物－普及读物 Ⅳ.①Q111.7-49

中国版本图书馆CIP数据核字(2022)第257144号

Published by arrangement with Thames & Hudson Ltd, London
Danny Dodo's Detective Diary © 2021 Thames & Hudson Ltd, London
Illustrations © 2021 Rob Hodgson

Text by Rachel Elliot
Designed by Emily Sear
Consultancy by Dr Nick Crumpton

This edition first Published in China in 2023 by Ginkgo（Beijing）Book Co., Ltd Beijing
Simplified Chinese edition © 2023 Ginkgo（Beijing）Book Co.,Ltd
All rights reserved

本书中文简体版权归属于银杏树下（北京）图书有限责任公司

著作权合同登记号　图字：13—2023—010号

出 版 人：林 彬
选题策划：北京浪花朵朵文化传播有限公司
出版统筹：吴兴元
编辑统筹：冉华蓉
责任编辑：廖飞琴　魏 芳
特约编辑：汤 曼
营销推广：ONEBOOK
装帧制造：墨白空间·闫献龙

渡渡鸟丹尼的侦探笔记
DUDUNIAO DANNI DE ZHENTAN BIJI

著 者：[英]尼克·康普顿
绘 者：[英]罗伯·哈吉森
译 者：谭 超 杨 婴
出版发行：海峡书局
地 址：福州市白马中路15号海峡出版发行集团2楼
邮 编：350001
印 刷：北京利丰雅高长城印刷有限公司
开 本：635mm x965mm 1/8
印 张：7
字 数：55千字
版 次：2023年2月第1版
印 次：2023年2月第1次印刷
书 号：ISBN 978-7-5567-1044-7
定 价：69.80元

读者服务：reader@hinabook.com 188-1142-1266
投稿服务：onebook@hinabook.com 133-6631-2326
直销服务：buy@hinabook.com 133-6657-3072
官方微博：@浪花朵朵童书